양모펠트와 인형 이야기

Felt⁺

펠트(Felt) : 양털이나 그 밖의 짐승의 털에 습기, 열, 압력을 가하여 만든 천

이 책에서 소개하는 펠트의 사전적 의미입니다.

우리나라에서는 울펠트, 양모펠트, 물펠트 등 펠트를 부르는 이름도 제각각이지요. 아마도 많은 사람들이 펠트라고 하면 부직포처럼 생긴 폴리에스테르 섬유의 펠트지로 바느질하는 것을 떠올릴 텐데요. 실제로는 주로 양털을 가지고 작업을 합니다.

펠트는 양털을 비눗물이나 펠트용 바늘을 이용해 천과 형태를 만들기 때문에 바느질된 이음선이 없습니다. 처음 펠트를 접하는 사람들을 알쏭달쏭하게 만드는 호기심의 시작점이자 매력이기도 하지요. 펠트 도구들도 대나무 발처럼 주변에서 쉽게 구할 수 있는 익숙한 것들입니다.

이 책에서는 양털의 상태에서 천이 되고 형태가 만들어지는 펠트 본연의 모습에 집중하여 펠트의 가장 기본인 울(wool)이라는 소재를 중심으로 작업했습니다. 오롯이 펠트가 가지고 있는 성격과 펠트만의 색채와 질감을 담기 위해 생각하고 수없이 고민했습니다. 그리고 지금. 펠트 작업을 해오면서 만난 많은 사람들과 새롭게 시작하려는 사람에게 필요한 이야기를 인형이라는 따뜻한 매개체를 통해 소개하려고 합니다.

펠트, 그 중에서도 물펠트 작업은 쉽게 결과를 예측할 수 없습니다. 오랜 시간 작업을 해 온 저도 새로운 방식의 작업을 할 때면 방법이 떠오르지 않아 밤새 끙끙 고민하다 아침을 맞기도 하지요. 그렇게 부딪히고 다시 시작하며 많은 시간들을 보내왔습니다. 실패도 시작도 두려워하지 마세요! 내 손으로 양털이 천이 되는 마법 같은 시간을 경험하는 순간, 여러분도 원하는 모든 것을 만들 수 있습니다. 펠트는 안 되는 것이 하나도 없으니까요.

펠트는 거창하고 화려하지는 않지만 솔직하고 순수합니다. 누구에게나 공평한 결과를 내어주지요. 그럼. 이제 용기 내어 시작해 볼까요? 분명 근사한 순간이 기다리고 있을 거예요!

이은영

contents

1 **버블랩** 양모에 비눗물을 뿌렸을 때 물이 빠져 나가는 것을 막는 역할을 한다.

2 **망사천** 비눗물을 뿌리는 과정에서 마른 양모를 덮는 데 사용하며 모양이 흐트러지지 않게 한다.

3 **대나무 발** 양모를 밀 때 마찰을 발생시켜 펠팅 시간을 단축시키고 양모를 단단하게 만든다. 75~100㎝ 폭이 쓰기에 적당하다.

4 **나무 방망이** 펠팅 초기 단계에서 양모를 밀 때 필요한 도구로서 지름 2~3㎝, 길이 40~70㎝ 정도의 크기가 쓰기에 좋다.

5 **비누** 양모가 빠르게 엉킬 수 있도록 촉매 역할을 한다. 거품이 적고 피부에도 자극이 덜한 무향. 무첨가제의 올리브오일 비누가 좋다.

6 **핸드카더** 적은 양의 양털을 섞거나 다른 종류의 털들을 섞는 데 유용하다.

7 **드럼카더** 많은 양의 양털을 빠르고 효율적으로 섞을 수 있다.

8 **저울** 양털의 무게를 정확하게 재는 데 필요하다.

9 **플라스틱 통** 가루비누로 만든 비눗물을 넣어 사용한다.

10 **가위** 펠팅된 양모를 자를 때 사용한다.

11 **발포지** 입체펠트 만들기를 할 때 본으로 사용한다.

a **니들펠트 바늘 1구**

섬세하게 모양을 잡아주거나
정교한 표현을 할 때 사용한다.

b **니들펠트 바늘 5구**

넓은 면적과 마무리로
깔끔하게 정리할 때 사용한다.

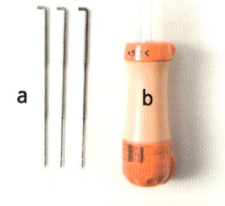

equipment

그 밖에 필요한 것들

· **가루비누** 올리브오일 비누 대신 비눗물 만들 때 사용한다.

· **비닐봉지** 양모를 비눗물로 적실 때 비눗물을 골고루 스며들게 한다.

· **다리미** 가장 마지막 단계에서 모양을 잡아 주는 역할을 한다.

양의 종류는 우리가 알고 있는 것보다 훨씬 다양합니다. 양의 품종에 따라 털의 특성도 다르기 때문에, 작업을 할 때 어떠한 양모를 선택하느냐에 따라 펠트의 질이 결정됩니다. 거칠고 단단한 펠트는 양모 조직이 굵어야 하고, 섬세하고 부드러운 양모는 질 좋고 가벼운 펠트를 만들 수 있습니다. 메리노처럼요.

Merino

메리노는 펠트 작업에서 가장 많이 사용되는 양털입니다. 털 길이가 5~12.5㎝이며 매우 부드럽습니다. 울 자체에 보온, 보냉 효과가 있고 땀을 잘 흡수하며 통기성이 좋아 특히 옷이나 신발을 만들 때 좋습니다.

: 이 책에 실린 대부분의 인형들

Corriedale

코리데일은 신축성이 좋아서 뜨개질이나 옷감용으로 알맞습니다. 털 길이는 7.5~15㎝입니다. 물펠트 작업을 할 때는 메리노보다 시간이 오래 걸릴 정도로 손쉽지는 않지만 니들펠트 작업하기에는 더 없이 좋은 재료입니다.

: 회색 날개 갈매기

Romney

롬니는 털 길이가 10~20.5㎝이며 나라마다 털 굵기가 조금씩 다른 특징이 있습니다. 털의 힘이 좋아 러그 또는 방석 만들기에 좋고 다른 양털들보다 기름기가 적어 니들펠트 작업에 알맞습니다.

: '셋이서 허밍' 소년의 바지

Mohair

모헤어는 양이 아닌 염소의 한 종류로 앙고라 염소라고도 불립니다. 양털보다 더 길고 얇은 털을 지니고 있습니다. 매우 매끄럽고 광택이 있는 털이라 펠팅하기에는 쉽지 않지만 인형 머리카락용으로 좋습니다.

: 마뇨의 머리카락

Cotswold

코츠월드는 영국 남서부에 있는 작은 마을 코츠월드에서 주로 볼 수 있는 양으로 18~38㎝ 길이의 털을 가지고 있습니다. 얇고 부드러우며 곱슬곱슬해서 인형 머리카락으로 사용하면 좋습니다.

: '소년과 별과 소녀' 소녀의 머리카락

Wensleydale

웬즐리데일은 물결 모양의 곱슬곱슬한 털을 가지고 있습니다. 윤기가 흐르고 매끄러워 물펠트 작업으로는 적당하지 않지만 인형 머리카락이나 개성 있는 모양을 만들 때에는 훌륭한 재료가 됩니다.

: 니콜라, 로빈, 보나의 머리카락

04 양모가 푹 젖을 수 있도록 비닐로 골고루 문지른다.

08 버블랩을 빼고 대나무 발에 양모를 올린 후 방망이와 말아 **6**처럼 50번씩 세게 밀어준다.

01 양모를 10㎝ 길이로 잡고 털을 뽑는다.

05 덮었던 망사천을 걷어내고 버블랩 위에 양모를 올려 방망이와 함께 말아준다.

09 어느 정도 압축된 양모를 뜨거운 물에 1분 동안 담근 후 꺼내 **6**처럼 50번씩 밀어준다.

02 고르게 뽑은 양모를 3겹으로 깐다.

06 말아 놓은 양모를 앞뒤, 가로, 세로 방향으로 돌려가면서 100번씩 밀어준다.

10 완성된 펠트를 여러 번 헹군 후 식초를 몇 방울 넣은 깨끗한 물에 2~3분 담가둔다.

03 양모 위에 망사천을 덮고 비눗물을 뿌린다.

07 다시 비눗물을 뿌린 후 버블랩을 덮지 않고 방망이와 말아 **6**과 같이 60번씩 밀어준다.

11 담가 두었던 펠트를 꺼내 물기를 없앤 후 다림질해 말린다.

펠트는 양모를 고르게 뽑는 것이 중요합니다. 양손 모두 힘을 세게 주면 양모가 잘 뽑히지 않기 때문에 양모가 움직이지 않을 정도로만 살짝 잡고서 부드럽게 당겨주세요. 긴장을 풀고 손에 힘을 빼야 뽑기에 좋습니다.

평면펠트는 가로-세로-가로 또는 세로-가로-세로 방향으로 교차하며 양모를 3번 깔아 줍니다. 그래야 빈틈없이 촘촘한 천을 만들 수 있어요. 처음 시작 방향은 가로든지 세로든지 상관 없기 때문에 작업하기 편한 방향으로 하면 됩니다.

망사천을 덮고 비닐로 문지를 때는 양모가 망사에 엉겨 붙을 수 있기 때문에 힘을 주지 말고 부드럽게 문질러 주면 좋습니다.

비눗물은 물 1000㎖에 가루비누 반 스푼 정도를 넣어 만듭니다. 가루비누는 무향, 무색의 천연 가루비누를 사용하세요.

입체 펠트
만 들 기

04 망사천을 덮고 비눗물을 뿌린다.

08 가로-가장자리-세로 순으로 양모를 깐다.

01 본을 그려 오린다.

05 본 위의 양모가 푹 젖도록 비닐로 여러 번 문지른다.

09 망사천을 덮고 비눗물을 뿌려 문지른다.

02 본 가장자리부터 양모를 깐다.

06 한 손으로 양모를 잡고 가장자리부터 조심스럽게 망사천을 걷어낸다.

10 다시 본을 뒤집은 후 본 바깥으로 나온 양모를 접는다.

03 가로 방향으로 한 번. 세로 방향으로 한 번 깐다.

07 본을 뒤집고 본 바깥으로 나온 양모를 접는다.

11 8. 9. 10 과정을 두 번 반복한다.

12 양모 깐 본을 버블랩에 올리고 방망이와 말아 앞뒤. 가로, 세로로 100번씩 밀어준다.

15 다시 비눗물을 뿌리고 버블랩과 방망이를 말아 60번씩 밀어준다.

18 완성된 펠트를 여러 번 헹군 후 깨끗한 물에 식초 몇 방울 넣고 2~3분 정도 담가 둔다.

13 살짝 엉킨 양모 가운데를 가위로 잘라 본을 뺀다.

16 대나무 발 위에 양모를 올려 놓고 방망이와 말아 50번씩 밀어준다.

19 물기를 제거한 펠트를 잘 펴서 다름질한 후 말린다.

14 본을 뺀 양모 가장자리를 버블랩으로 문지른다.

17 어느 정도 압축된 양모를 뜨거운 물에 1분 동안 담근 후 방망이 없이 대나무 발로 50번씩 밀어준다.

20 입체펠트 완성!

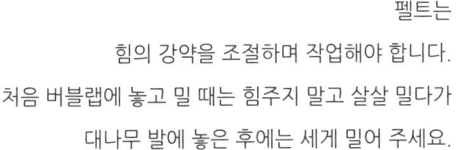

펠트는
힘의 강약을 조절하며 작업해야 합니다.
처음 버블랩에 놓고 밀 때는 힘주지 말고 살살 밀다가
대나무 발에 놓은 후에는 세게 밀어 주세요.

학교 가는 길

아주 어린 시절 친구들과 함께 가는 등굣길,
두런두런 이야기 나누며 작은 바람 소리에도 까르륵 웃던 아침.
기억하나요? 그 시절 우리들 모습, 우리들 풍경.

인형 높이 58cm, 메리노울 70수(merino wool)
몸 120g, 머리카락 60g(wensleydale wool)
자켓 60g, 바지 40g, 신발 10g, 모자 45g, 가방 25g

내 친구 니콜라

파란 눈의 니콜라는 언제나 웃으며 이야기합니다.
얼굴 찌푸리는 법이 없지요. 다정하고 유머러스한 니콜라, 내 친구입니다.

Niccola's hat

....

모자 만들기

01 머리둘레와 귀 중간부터 정수리까지의 길이를 잰다.

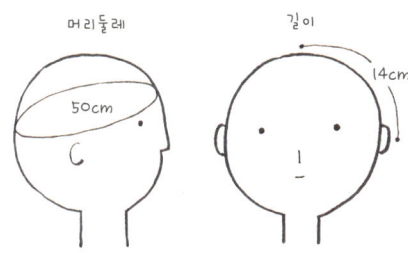

02 측정한 머리둘레를 반으로 나눈 후 1.5를 곱한다.

: 머리둘레가 50㎝인 경우 (50÷2)×1.5=37.5

03 귀 중간부터 정수리까지의 길이에도 1.5를 곱한다.

: 길이가 14㎝인 경우 14×1.5=21

04 측정한 머리둘레의 길이(37.5㎝)는 가로, 귀 중간부터 정수리까지의 길이(21㎝)는 세로로 해서 본을 그린다. 모자 챙의 너비는 원하는 느낌이나 모양에 따라 넓거나 좁게 그린다. (실제 니콜라 모자는 챙의 너비가 4㎝, 둘레는 45㎝입니다.)

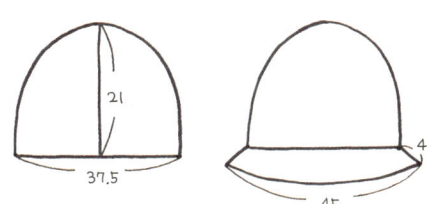

05 본을 다 그린 후 입체펠트(10~11쪽 참고)로 만들어 완성한다.

felt⁺ ・・・・ 니콜라는 남자아이라 모자의 챙을 좁게 해서 만들었습니다.

만약 니콜라 모자 만들기가 어려워 주저될 때는 베레모를 만들어 보세요.

베레모는 모자 만들기의 가장 기본으로 머리둘레에 맞춰 동그란 원을 그려 만들면 됩니다.

인형 높이 62cm, 메리노울 70수(merino wool)
몸 135g, 머리카락 60g(wensleydale wool)
자켓 65g, 티셔츠 35g, 바지 45g, 신발 10g, 가방 30g

안녕? 로빈

로빈은 큰 키만큼 마음도 넓은 친구입니다. 언제나 늠름하지요!
의젓하고 어른스러운 로빈이 곁에 있어 오늘 하루도 씩씩하게 보냅니다.

Robin's backpack

· ·

가방 만들기

01 가로 13㎝, 세로 22㎝ 크기의 직사각형 본을 그린
다음 입체펠트(10~11쪽 참고)로 만든다.

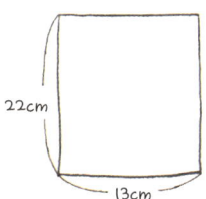

02 가방끈은 가로 45㎝, 세로 8㎝ 크기로 양모를 깔
고 평면펠트(8~9쪽 참고)로 만든 후 길이에 맞게
자른다.

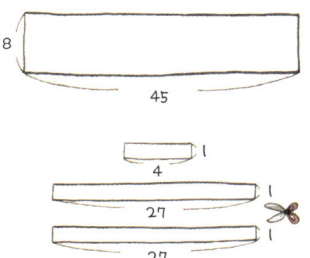

03 건조된 가방은 뒷면을 위아래로 가위집 낸 후(이
때 아래쪽은 가위집을 두 개 낸다.) 끈을 넣고 남
은 끈으로 앞쪽에 포인트를 주어 마무리한다.

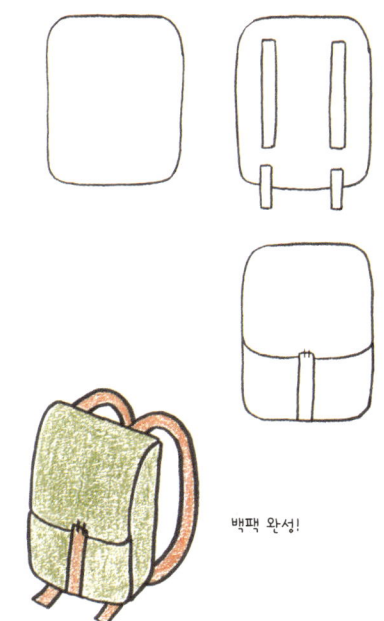

백팩 완성!

felt⁺
· 실제로 아이가 멜 수 있는 가방을 만들 때는 가방끈을 두껍게 만들어요.
· 이때 가위집을 내지 않고 아크릴실이나 린넨실을 이용해서 가방끈을 이어 붙여요.
· 가방끈은 오래 멜 수 있도록 끈 길이를 넉넉하게 만들어 처음엔 매듭처럼 묶어 놓았다가 아이의 키에 맞게 풀어 쓰면 좋아요.

인형 높이 58cm. 메리노울 70수(merino wool)
몸 135g, 머리카락 60g(mohair), 자켓 60g, 바지 30g, 신발 10g,
가방 30g, 나비넥타이 10g, 아이보리색 프리펠트 브로치용 핀

널 좋아해! 마뇨

눈이 큰 마뇨는 부드럽고 차분한 친구입니다.
윤기 나는 검정색 머리카락과 맑은 눈동자가 매력적이죠.
반짝반짝 빛나는 마뇨, 언제나 널 좋아해!

Manyo's bow tie

. . . .

나비 넥타이 만들기

01 가로 15㎝, 세로 15㎝ 크기로 양모를 깔고 그 위에 손톱 크기만큼 작은 도트를 프리펠트로 여러 개 오려 올려놓은 후 펠트 천(8~9쪽 참고)을 만든다.

02 1에서 만든 펠트 천을 가로 7㎝ 세로 4.5㎝, 가로 1㎝ 세로 7㎝ 크기로 각각 1개씩 자른다.

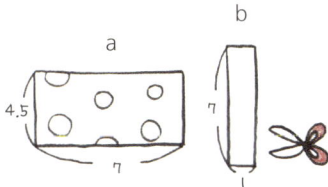

03 a의 가운데를 b로 감아 바느질로 고정시킨 후 나비넥타이를 만든다.

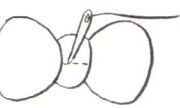

04 브로치용 핀을 나비넥타이 뒤쪽에 달아 마무리 한다.

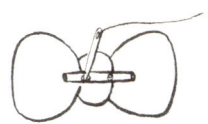

완성!

felt⁺

마뇨의 자켓과 나비넥타이는 메리노울 100수의 연한 올리브그린 양모를 사용했어요.

나비넥타이의 도트 무늬는 동그란 모양이 깔끔하게 나오도록 프리펠트(pre-felt, 56~57쪽 참고)로 만들었어요.

나비넥타이는 브로치나 머리끈 장식으로 사용하면 좋아요.

인형 높이 58cm. 메리노울 70수(merino wool)
몸 110g. 머리카락 60g(wensleydale wool)
티셔츠 55g. 바지 25g. 신발 10g. 가방 30g. 치마 15g

우리들의 보나

작고 하얀 얼굴, 따뜻하고 상냥한 아이, 보나가 있는 곳엔 늘 친구들로 가득하지요.
수줍은 내 마음 토닥토닥 두드려 주는 우리들의 보나입니다.

Bona's bag

· ·

가방 만들기

01 가로 12.5㎝, 세로 35㎝ 직사각형을 그린 후 위아래를 동그랗게 굴려 타원형으로 본을 그린다.

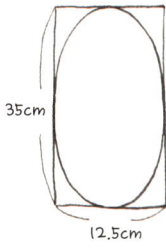

35cm

12.5cm

03 다 그린 본 위에 양모를 깔고 입체펠트 만들기 (10~11쪽 참고)로 완성한다.

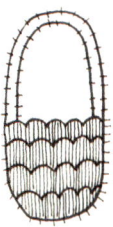

02 세로 14㎝는 가방의 몸통으로 나머지 21㎝는 가방끈으로 한다. 끈은 2㎝ 두께로 그리고 나머지는 오려낸다.

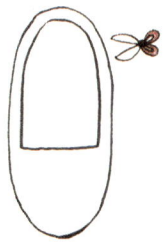

보나의 크로스백 완성!

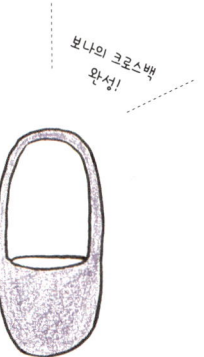

felt⁺

보나의 크로스백은 남녀노소 누구에게나 잘 어울리는 가방입니다.

몸통과 끈이 하나로 된 일체형 가방으로, 입구 부분에 자석 단추나 지퍼를 달면 좀 더 유용하게 쓸 수 있습니다.

물 펠 트
인 형 +
만 들 기

물펠트로 사람 형태의 인형을 만들 때는 팔과 몸, 오른쪽 다리와 왼쪽 다리 사이의 공간이 적어 일반적인 입체펠트 만들기로 양모를 말 경우 털들이 서로 겹치고 엉킬 수 있습니다. 그렇기 때문에 머리-양팔-몸-오른쪽 다리-왼쪽 다리 순으로 양모를 말고 작업해야 수월하게 진행됩니다.

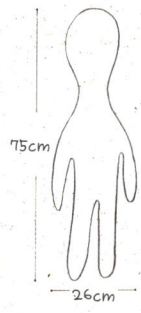

01 가로 26㎝, 세로 75㎝ 크기로 본을 그려 오린다.

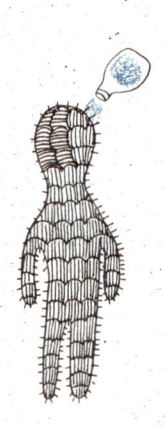

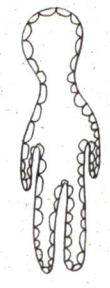

04 골고루 문질러 준 본을 뒤집 어 양모를 본에 맞게 밀착시 켜 접는다.

03 가장자리를 깐 후 가로 방향 으로 한 겹 다시 세로 방향으 로 한 겹 양모를 깔고 망사천 을 덮은 뒤 비눗물을 뿌려 비 닐로 문질러 준다. (이때 비 눗물을 충분히 뿌려 적신다.)

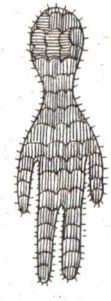

05 접은 양모 위에 가로-가장자 리-세로 순으로 양모를 깔고 3, 4처럼 한다.

02 오린 본 위에 가장자리부터 양모를 깐다.

06 가로-가장자리-세로 순으로 3, 4 과정을 한번씩 더 반복한 뒤 버블랩을 덮고 살살 밀어준다. (앞뒤, 가로, 세로 100번씩 모두 400번)

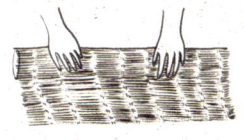

09 버블랩을 걷어낸 후 인형 몸을 대나무 발에 올려 놓고 세게 밀어준다. (앞뒤, 가로, 세로 50번씩 모두 200번)

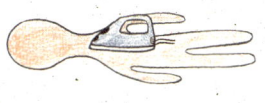

12 인형 몸의 물기를 빼고 잘 펴서 다림질한 후 건조한다.

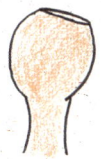

07 머리 윗부분에 3㎝ 정도의 가위집을 낸 뒤 본을 꺼낸다.

10 어느 정도 단단해진 인형 몸을 뜨거운 물에 1분 동안 담근 뒤 대나무 발로 밀어 주고 마무리한다.

13 건조된 인형을 방울솜으로 채워 넣고 인형 얼굴은 니들 펠트 바늘로 눈, 코, 입, 눈썹, 머리카락용 양모를 넣어 완성한다.

08 본을 뺀 인형 몸을 버블랩에 놓고 말아준 뒤 다시 밀어준다. (앞뒤, 가로, 세로 60번씩 모두 240번)

11 인형 몸을 헹군 후 깨끗한 물에 식초를 뿌려 2~3분 정도 담근다.

felt⁺ 펠트는 울의 수축성(줄어드는 성질)을 고려해서 본을 그려야 합니다.
사람의 힘에 따라서 약간씩 다를 수 있지만 보통 원래의 크기에서 30% 정도 줄어들기 때문에
본을 그릴 때는 원하는 크기에서 1.4~1.5를 곱해서 그립니다.

인형옷
신발 +
만들기

jacket:

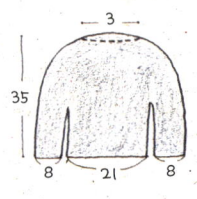 

01 목 부분에 3㎝ 정도 가위집을 낸 후 자켓본을 뺀다.

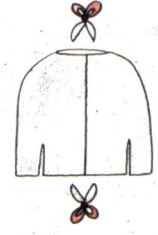 

02 다 만들어진 자켓은 앞부분 가운데를 자르고 목
   둘레 부분을 접어 옷깃으로 만든다.

pants:

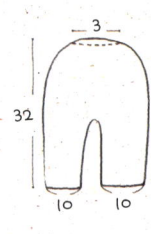 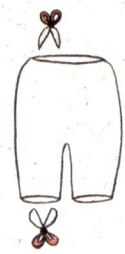

01 허리 부분 3㎠ 정도 가위집을 낸 후 바지본을 뺀다.

02 완성된 바지는 인형이 들어갈 수 있도록 허리와
   다리 부분을 둥글게 자른다.

shoes:

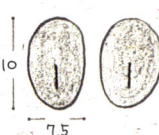  

01 발뒤꿈치에서 3㎝ 정도 간격을 두고 가위집을 낸
   후 신발본을 뺀다.

02 완성된 신발은 가위집 둘레를 둥글게 자르고 가
   장자리 각을 세워 모양을 잡아준다.

2

우리 산책할까

친구와 걷는 이 길,
걸어도 걸어도 가벼운 발걸음.
우리 손 잡고 걸어 볼까요?

인형 높이 22cm. 메리노울 70수(merino wool)
몸 15g. 티셔츠 10g. 바지 7g
머리카락용 털실 조금. 와이어. 모루. 비즈

인형 높이 23cm. 메리노울 70수(merino wool)
몸 15g. 티셔츠 10g. 바지 7g.머리카락 5g(white cotswold wool)
와이어. 모루. 장식용 천 조금

소년과 별과 소녀

밤하늘 반짝이는 작은 별 하나, 소년이 잠시 내려와 산책하는 이 곳,
친구가 되어주는 소녀가 있어 빛나는 하루입니다.

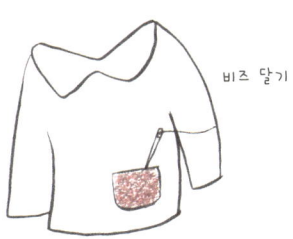

비즈 달기

주머니 달기

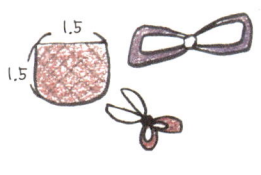

1.5

1.5

felt⁺

소년은 신비함을 살리려 연한 회색으로 눈동자를 표현하고 머리카락은 털실로 만들었습니다.

소년의 독특한 머리카락은 리투아니아의 털실 가게에서 샀는데요.

언제 어떻게 쓰일지 모르지만 어느 여행지든 털실 가게에 들러 마음에 드는 실을 산답니다.

소녀는 모직 천을 이용해 주머니와 리본 핀을 만들었습니다.

모직 천과 펠트의 질감은 어울림이 좋아 종종 사용하는 아이템입니다.

인형도 사람처럼 눈동자와 머리스타일에 따라 느낌이 달라지기 때문에 양모나 털실의 색을

분위기에 맞게 잘 고르는 것이 중요합니다.

인형 높이 26cm, 메리노울 70수(merino wool), 롬니울 44~54수(romney wool)
몸 25g, 머리카락 5g(wensleydale wool)
와이어, 모루, 티셔츠용 천

인형 높이 25cm, 메리노울 70수(merino wool)
몸 25g, 티셔츠 10g, 머리카락용 털실 조금
와이어, 모루, 스커트용 자투리 천

셋이서 **허밍**

동그란 눈의 소년과 키가 큰 소녀는 책 읽는 강아지 히로와 함께 산책하는 걸 좋아합니다.
동네 한 바퀴, 셋이서 허밍하며 걷는 이 길은 참 따뜻한 것 같아요.

머리카락은 자투리 털실로!
니들펠트 바늘로 콕콕 찔러서~

머리카락은 털실로,
바늘로 콕.콕.

바지는 롬니울로,
바늘로 콕.콕.

felt +

동그란 눈의 소년은 줄무늬 천으로 셔츠를 만들었고 바지는 파란색 롬니울을 뼈대에 감싼 뒤

니들펠트 바늘로 찔러서 만들었습니다.

키가 큰 소녀의 머리카락은 양모로 만든 머리에 털실을 얹고 바늘로 찔러서 만들었습니다.

머리카락용 털실이 따로 있지는 않으니 집에서 뜨개질하다 남은 털실로 하면 좋아요.

인형 높이 14cm. 오가닉 메리노울 70수(organic merino wool)
몸 30g. 검정색 비즈. 십자수 실(검정)

책 읽는 강아지 히로

히로는 흔히들 말하는 바우와우 강아지입니다.
동그란 눈의 소년과 키 큰 소녀가 산책할 때 늘 함께 하는 친구랍니다.

Hiro

. . . .

히 로 만 들 기

01 아이보리색 양모를 뭉쳐 니들펠트 바늘로 귀, 얼굴, 몸통, 팔, 다리, 꼬리를 만든다. 이때 귀 한쪽과 얼굴, 다리는 검정색 양모로 무늬를 넣고 비즈와 십자수 실로 마무리한다.

02 완성된 얼굴 위에 귀를 올려 놓고 양모를 살짝 감싼 후 니들펠트 바늘로 찔러 연결한다.

03 2와 같은 방법으로 몸통과 팔과 다리, 꼬리를 연결한다.

바늘로 콕, 콕.

04 얼굴과 몸통에 양모를 감싸고 니들펠트 바늘로 찔러 완성한다.

felt⁺

니들펠트에서는 양모가 접착제 역할을 합니다.

히로처럼 각 부위별로 연결해 줄 때 양모를 감싼 후 바늘로 찔러주면 자연스럽게 이어집니다.

히로는 뼈대 없이 양모를 뭉쳐 만듭니다. 얼굴과 귀, 팔, 몸통, 다리, 꼬리로 나누어서 만들어 준 다음 니들펠트 바늘로 찌르면서 연결합니다.

아무래도 딱딱한 뼈대가 없으면 바늘이 자유롭게 움직일 수 있어 만들기 편하답니다. 바늘이 쉽게 부러지지도 않고요.

니 들 펠 트
인 형 +
만 들 기

우리 산책할까의 소년과 소녀는 와이어로 뼈대를 만들어 얼굴과 팔, 다리, 손가락까지 자유롭게 움직일 수 있는 인형입니다. 와이어로 만든 뼈대 위에 양모를 감싸서 바늘로 찌르고 모양을 만들어 가는 과정이 까다롭기 때문에 처음엔 뼈대 없이 만들고 방법을 익힌 후 뼈대 있는 인형을 만들어 보세요.

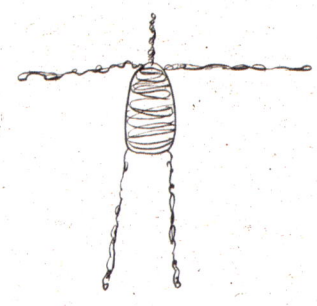

01 목과 몸통, 팔, 다리를 와이어로 연결해서 뼈대를 만들고 손과 얼굴은 따로 만들어 준비한다.

03 얼굴은 와이어 없이 양모를 뭉쳐 니들펠트 바늘로 찔러서 형태를 만든 후 눈, 코, 입을 만든다.

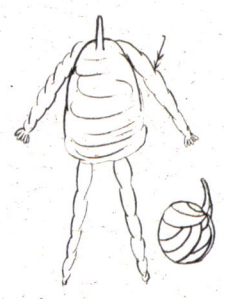

05 감싸진 모루 위에 양모를 감아서 니들펠트 바늘로 찔러 몸을 만든다.

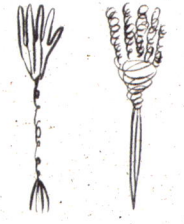

02 손은 꽃 철사를 이용해서 손가락과 손바닥을 만든 후 그 위에 아주 얇게 뽑은 양모로 단단하게 감싼다.

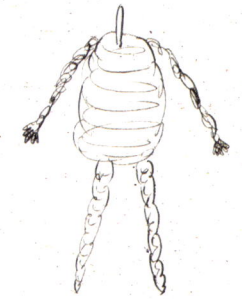

04 완성된 손은 뼈대의 팔과 연결한 후 모루를 이용해 뼈대 전체를 감싼다. (이때 얼굴과 몸을 연결해야 하는 목은 모루를 감지 않는다.)

모루 : 철사와 섬유 또는 얇은 금속 조각등을 섞어서 꼬아 놓은 끈.

06 단단해진 몸통과 얼굴을 연결하고, 연결된 목 부위에 양모를 덧대서 바늘로 찌른다.

07 얼굴과 몸을 연결한 후 털실이나 양모를 이용해서 머리카락을 만든다.

08 옷은 물펠트나 자투리 천을 이용해서 따로 만들어 주거나 몸통 위에 양모를 감싼 후 니들펠트 바늘로 모양을 잡아가며 만든다.

09 별빛 소년 드디어 완성!

felt+

니들펠트(Needle felt)

니들펠트는 물펠트처럼 넓은 공간이 필요하지 않아 마음만 먹으면 손쉽게 시작할 수 있습니다.

만들기를 할 때는 일반 바늘로는 안 되고 꼭 니들펠트 바늘이 있어야 합니다.

니들펠트 바늘은 끝이 일반 바늘보다 뾰족하고 날카로우며 털들을 엉키게 하기 위해 돌기같은 것이 있습니다.

바늘을 너무 세게 힘주어 잡으면 쉽게 휘거나 부러질 수 있으니 수직 방향으로 부드럽게 잡고 만들어 주세요!

니들펠트는 바늘로 찌르면 털들이 서로 엉키는데요, 많이 찌를수록 단단해지고 부피가 줄어듭니다.

양모의 양과 종류는 정확하게 정해져 있다기보다 상황에 맞게 자신의 느낌과 취향대로 사용하면 됩니다.

동무와 냐옹

여름 지나 가을로 막 들어선 우리들.
얼굴에 거뭇거뭇 수염도 있고 예전처럼 많이 웃지는 않지만
그 시절 동무들과 함께라면 어색해도 '스마일'.
고맙다 친구들!

인형 높이 56cm, 몸 80g, 메리노울 70수(merino wool)
프리펠트 살색 1장, 빨강 1장, 진한 파랑 1장, 연한 초록 1장, 진한 초록 1장
연한 회색 1장, 아이보리 1장, 자투리 천 조금, 머리카락용 검정 털실

나는 행복한 사람

따뜻한 마음을 선물하고 싶어 어른이 되어서도 산타가 되고 싶다는 동무는
언제나 행복합니다. 늘 "나는 행복한 사람"이라고 이야기해요.

Happy man's hair

· ·

머리카락 만들기

01 머리카락으로 만들 검정색 털실을 3~4㎝ 길이로 자른다.

02 머리카락 부분에 놓인 양모에 털실을 올려 놓고, 그 위에 살짝 검정색 양모를 얹는다. 그런 다음 비눗물을 뿌려 부드럽게 문지른다.

머리카락
양모

털실 올리고
양모 얹기

산타가 되고 싶은 동무는
요 그림에서 왔어요~

felt ⁺   산타가 되고 싶은 동무는 흩날리는 머리카락을 표현하기 위해 메리노울 100%의 검정색 털실을 썼습니다.

면이나 실크, 울 소재의 실들은 양모와 잘 붙기 때문에 다양하게 사용해도 좋아요.

동무의 왼쪽 팔은 프리펠트 위에 어두운 빨간색 양모를 얹어 티셔츠와 구분했기 때문에

실제로 만져 보면 왼쪽 팔이 조금 도톰하답니다.

인형 높이 54cm. 몸 80g. 메리노울 70수(merino wool)
프리펠트 살색 1장. 진한 파랑 1장. 연한 초록 1장
갈색주황 1장. 흑갈색 1장. 자투리 천 조금. 리본용 검정 털실

여전히 새침

사춘기 소녀 감성의 새침데기 여자 동무는 새침한 듯 부드러운 눈이 매력적입니다.
종종 까칠하다는 얘기도 듣곤 하지만 마음이 고운 그녀에게 자꾸 눈길이 가요.

Prim girl's eyes

· ·

새 침 한 눈 만 들 기

01 하얀색 양모를 뭉쳐 니들펠트 바늘로 반달 모양
을 두 개 만든 다음. 그 위에 검정색 양모를 도톰
하게 올려 바늘로 찌른다.

03 얇게 뽑은 검정색 양모를 니들펠트 바늘로 눈 가
장자리부터 그림 그리듯이 선을 넣어 완성한다.

02 완성된 눈은 니들펠트 바늘로 인형 얼굴에 넣는다.

felt+

동무와 냐옹의 세 친구들은 작고 익살스러운 눈이 특징입니다.

양모를 도톰하게 뭉쳐 입체감을 주고 눈의 라인은 되도록 얇게 넣어 주세요.

여자 동무의 셔츠에 달린 검정색 리본은 인형을 완성한 후 바느질로 연결합니다.

인형 높이 53cm. 몸 70g. 메리노울 70수(merino wool)
프리펠트 살색 1장. 빨강 1장. 녹색 1장. 진한 초록 1장
연한 파랑 1장. 검정 1장. 자투리 천 조금. 십자수 실(검정)

대머리 아자씨

머리숱은 별로 없지만 여전히 가슴은 빨갛게 두근거리고
머리엔 연두색 새싹이 돋아나는 부끄럼 많은 친구, 눈치 보지 말아요! 대머리 아자씨~

Bald uncle's sprout

· ·

새 싹 만 들 기

새싹은 7㎝ 길이의 양모를 검지손가락 굵기로 갈라 만드는데, 이때 완성하는 방법은 두 가지입니다. 책에 소개된 대머리 아자씨는 첫 번째 방법으로 만들었습니다.

첫 번째 방법

양쪽으로 가른 양모에 비눗물을 뿌린 후 살살 비벼준다. 털이 어느 정도 뭉쳐지면 머리 부분에 새싹을 놓고 얼굴 모양의 프리펠트를 얹은 후 마무리한다. (새싹을 만들 때 가장 아래쪽은 비눗물에 적시지 않아야 양모가 뭉쳐지지 않는다.)

아래쪽은 비눗물에
적시지 않아요!

두 번째 방법

양모에 비눗물을 뿌려 새싹을 단단하게 만든 후 깨끗한 물로 헹구고 말린다. 다 마른 새싹은 완성된 인형 머리에 바느질로 연결한다.

f e l t ⁺

대머리 아자씨의 포인트는 머리 위에 돋아난 연둣빛 새싹입니다.

펠트를 처음 하는 사람은 까다로운 첫 번째 방법보다 손쉬운 두 번째 방법이 좋아요.

아저씨의 눈, 코, 입은 니들펠트 바늘을 쓰고 콧수염은 검정색 십자수 실을 사용하세요.

인형 높이 40cm, 몸 55g, 메리노울 70수(merino wool)
프리펠트 연한 회색 1장, 진한회색 1장, 연두색 1장,
빨강 1장, 노랑 1장, 자투리 천 조금, 십자수 실(검정)

늦은 밤 냐옹

가느다란 눈의 무심한 듯 다정한 냐옹이, 늦은 밤 반겨주는 유일한 친구,
혼잣말 하듯 중얼거리는 나의 고단함을 말없이 들어주네요.
오늘밤도 나를 위로하며 건네는 한 마디 '냐옹'

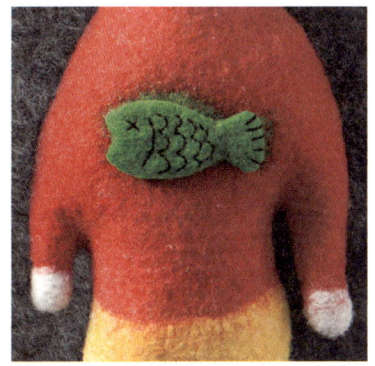

Friendly cat's fish

· ·

물고기 만들기

01 연두색 프리펠트를 물고기 모양으로 3장 오린다.

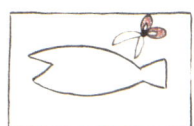

04 물고기 뒤쪽에 브로치용 핀을 실로 연결해 완성한다.

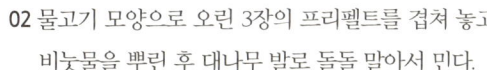

완성!

02 물고기 모양으로 오린 3장의 프리펠트를 겹쳐 놓고
비눗물을 뿌린 후 대나무 발로 돌돌 말아서 민다.

03 다 만들어진 물고기를 깨끗이 헹구고 건조한 후
검정색 십자수 실로 무늬를 넣는다.

냐옹~

f e l t ⁺

동무들의 친구 냐옹이는 눈과 콧등은 양모로, 수염은 검정색 십자수 실로 표현했습니다.

냐옹이의 티셔츠엔 연두색 물고기가 그려져 있는데요, 고양이의 개성과 재미를 살리고 싶어

티셔츠 위에 또 하나의 물고기 브로치를 만들어 달았습니다.

브로치를 달아도, 달지 않아도 냐옹이는 항상 물고기와 함께 합니다.

프리펠트
물펠트 +
인형만들기

동무와 냐옹의 인형들을 만들 때는 양모를 되도록 얇게 뽑아요. 프리펠트까지 얹기 때문에 다른 인형들보다 훨씬 두꺼워 모양이 둔해지고 덜 예쁘게 나올 수 있습니다.

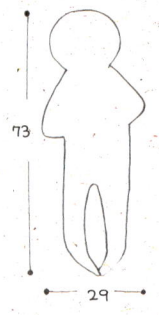

01 가로 29㎝, 세로 73㎝ 크기로 본을 그린다.

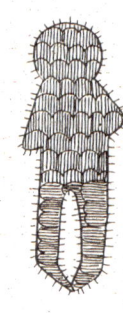

03 오린 본 위에 양모를 곱게 깐다. (10쪽 참고)

05 버블랩으로 돌돌 말아 밀어준 후, 인형 뒤쪽 엉덩이 부분에 가위집을 내고 본을 뺀다. (11쪽 참고)

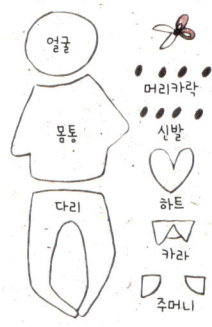

02 미리 만들어서 준비해 둔 프리펠트를 모양에 맞게 오린다. (얼굴 2장, 몸통 2장, 다리 2장, 머리카락 4장, 신발 4장, 하트 1장, 셔츠 깃 1장, 주머니 2장)

04 양모 위에 새싹을 얹고 2에서 오려둔 프리펠트를 그림에 맞게 놓은 후 망사천을 덮고 비눗물을 뿌린다. (비눗물은 프리펠트가 푹 젖을 때까지 충분히 뿌린다.)

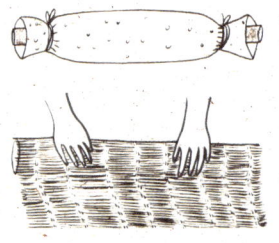

06 본을 뺀 후 다시 버블랩과 대나무 발로 여러 번 밀어준다. (11쪽 참고)

07 단단해진 인형은 깨끗한 물
에 헹구고 다림질한 후에 잘
건조시킨다.

08 건조시킨 인형 안쪽을 방울
솜으로 채운 후 니들펠트 바
늘로 눈. 코. 입. 눈썹을 그려
넣고 십자수 실로 콧수염을
넣어 완성한다.

대머리 아저씨
완성!

felt⁺

펠트를 처음 하는 사람은 양모를 뽑기 어렵습니다.

양모를 뽑을 때는 양쪽 손에 힘을 뺀 후

옆 그림처럼 10㎝ 간격으로 잡고 뽑으세요.

양모를 고르게 뽑아야 모양을 반듯하게 만들 수 있답니다.

프리펠트
+ 만들기

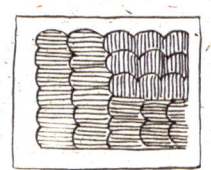

01 평면펠트 만들기(8쪽 참고)로 원하는 크기에 맞춰 양모를 3번 깐다.

03 양모 위로 버블랩을 덮고 가로, 세로 100번씩 살살 밀어준 후 버블랩을 걷어낸다.

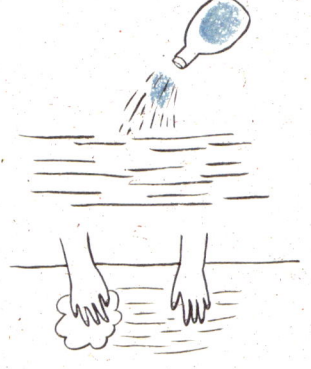

02 양모 위에 망사천을 덮고 비눗물을 뿌린다. 그런 다음 비닐(plastic bag)로 골고루 문질러 준 후 망사천을 걷어낸다.

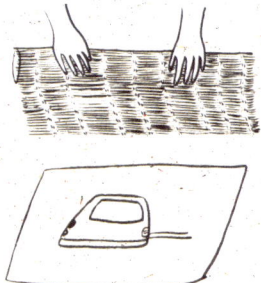

04 살짝 엉킨 양모를 대나무 발 위에 놓고 가로, 세로 50번씩 힘주어 밀어준다. 그런 다음 깨끗한 물로 헹궈 물기를 짜고 다림질한다.

felt⁺

프리펠트(Pre-felt)

프리펠트는 양모가 펠트 되기 전의 상태로 흔히 반만 펠트가 됐다고 해서 '반펠트' 라고도 부릅니다.

양모들이 살짝 엉켜 있게만 해주는 평면작업으로 간편하게 만들 수 있으며, 쓰임새에 따라 펠트의 짜임 상태를 조절해 만듭니다.

도화지 위에 색종이를 오려 무늬로 꾸미듯이 깔아 놓은 양모 위에 프리펠트로 무늬를 만들어 줍니다.

보통 양모를 깔아서 작업하면 털들이 자연스럽게 섞여 무늬가 있는 경우, 경계가 불분명해지는데요,

경계를 분명하게 해 무늬를 정확하게 표현하고 싶을 때 프리펠트를 사용하면 좋습니다.

프리펠트는 깔끔하고 명확한 선이나 무늬를 표현하기 위해 더없이 좋은 재료입니다.

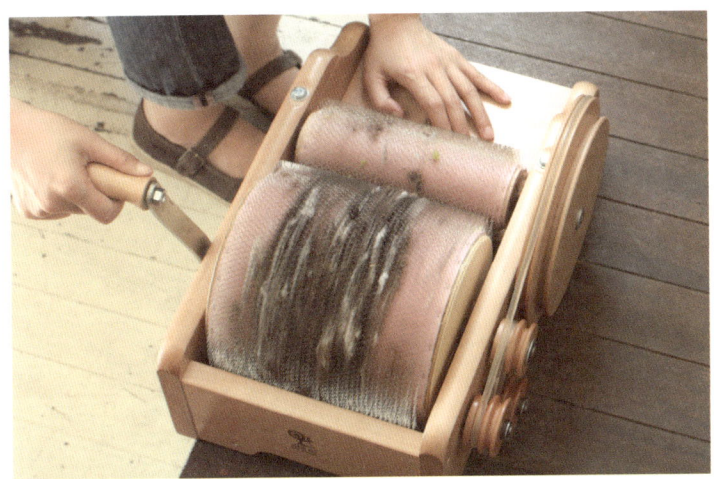

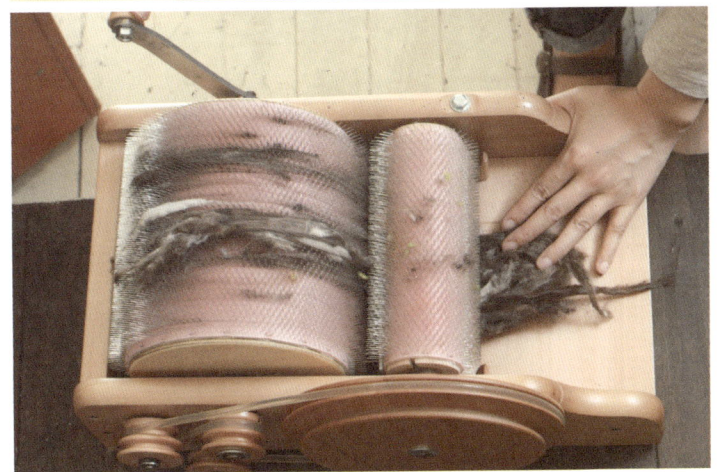

그리고 동물 이야기

때론 장난스럽게 때론 요염하게 때론 과묵하게
성격도 생김새도 다른 동물 친구들.
말하지 않아도 알 것 같아요! 방울방울 피어나는 이야기들.

인형 높이 46cm. 몸 130g. 메리노울 70수(merino wool). 자투리 천

여우야 **여우야**

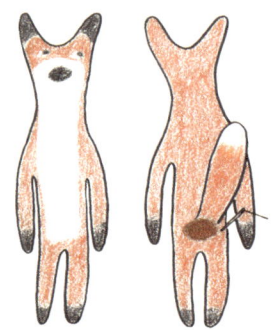

엉덩이에 동글동글 예쁜 무늬가 있는 여우는 취미가 뜨개질입니다.
벌써 목도리 하나 만들고 부지런히 겨울을 맞이합니다.
여우야 여우야 이제 무얼 만들 거니?

Drum carder & Hand carder

드럼카더와 핸드카더

붉은 여우는 주황색과 연한 갈색, 노란색 양모를 드럼카더로 섞어 만들었습니다. 이렇게 섞인 양모를 솜 뭉치 같다고 해서 '바트(batt)'라고 부르는데, 단색보다 덜 밋밋해 독특한 색감을 낼 수 있습니다. 바트는 엄지손가락 너비 정도로 갈라서 사용합니다.

양모를 섞어줄 때는 머리 빗처럼 생긴 핸드카더나 드럼카더를 사용합니다.

핸드카더는 10g 정도의 양모를 빗질하듯이 빗어주며 언제 어디서든 간편하게 사용할 수 있는 장점이 있습니다. 한 번에 10g 이상의 양모를 넣으면 털들이 잘 섞이지 않고 뭉쳐버릴 수 있으니 주의해야 합니다.

드럼카더는 양모를 넣고 옆에 달린 손잡이를 돌려주면 되는데, 많이 돌릴수록 양모가 자연스럽게 섞여 예쁜 색이 나옵니다. 제 경우에는 번거롭기는 하지만 좋은 색감을 위해 항상 양모를 섞어서 작업합니다. 핸드카더와 마찬가지로 한 번에 너무 많은 양을 넣어버리면 잘 돌아가지 않고 털들도 뭉쳐 애를 먹습니다. 조금씩 넣고 천천히 사용하세요.

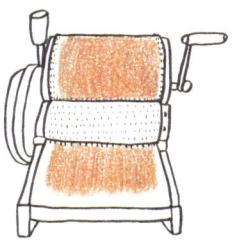

felt⁺

이 두 가지 도구가 없을 때는 손으로 자연스레 섞어 줘도 됩니다.

여러 가지 색의 양모를 겹쳐 놓고 뽑아 주기를 반복하다 보면 자연스럽게 새로운 색으로 만들어집니다.

뾰족한 얼굴과 하늘로 높이 솟은 꼬리를 가진 붉은 여우는 꿈에서도 잠 못 이루게 한 인형입니다.

많은 고민과 실패 끝에 완성하게 되었죠.

오랫동안 해온 펠트 작업이지만 역시 쉽지 않음을 다시 한 번 일깨워 주었습니다.

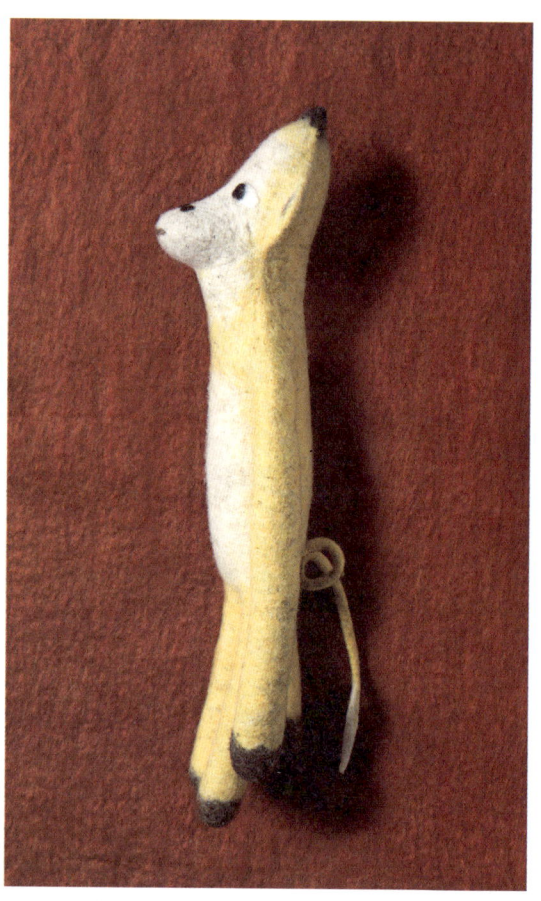

인형 높이 51cm. 몸 140g. 메리노울 70수(merino wool). 자투리 천

긴 꼬리 원숭이

고불고불 노오란 꼬리의 원숭이는 나무타기 선수지요.
매일 아침 초록색 나무 위에 올라 친구들을 기다립니다.
얼마만큼 왔니? 어디까지 보이니?

Monkey's tail

· ·

원숭이 꼬리 만들기

01 드럼카더로 섞은 노란색 양모를 45㎝ 정도로 길게 가른다.

02 양모 가장 윗부분 5㎝ 정도를 제외하고 골고루 비눗물을 뿌린다.

03 비눗물이 뿌려진 양모를 부드럽게 비벼 준다. (이때 윗부분 5㎝는 젖지 않게 주의한다.)

04 양모가 뭉쳐지면 손바닥으로 힘주어 밀어준다. (마찬가지로 윗부분 5㎝는 젖지 않게 주의한다.)

05 양모가 어느 정도 단단해지면 원숭이 엉덩이 부분에 올려 놓고 문질러 준다.

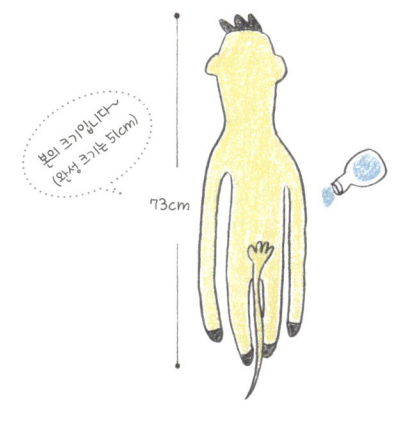

본의 크기입니다~ (완성 크기는 51cm)

73cm

felt +

원숭이 꼬리는 두께가 있어 양모가 젖어버리면 엉덩이 표면에 잘 붙지 않습니다.

양모에 잘 붙기 위해 꼬리의 가장 윗부분 5㎝는 마른 상태로 유지해야 합니다.

긴 꼬리 원숭이는 아주 밝은 노란색입니다. 원숭이 인형을 만들려고 맘 먹었을 때부터 떠오른 노란색!

이 색을 완성하기 위해 멀리 미국에 있는 농장에 양모를 주문했지요.

시간은 좀 오래 걸렸지만 맘에 쏙 드는 노란색이 나와 기분좋게 작업할 수 있었습니다.

인형 길이 63cm. 몸 160g. 메리노울 70수(merino wool).
보라색 자투리 천. 십자수 실(검정)

입이 큰 악어

보라색 배에 뾰족뾰족 입이 큰 악어는 유명한 수다쟁이지요.
강 건너 저편 콧노래 소리가 들리면 초록색 악어는 살랑살랑 헤엄치며 건너갑니다.

Crocodile

· ·

악 어 만 들 기

01 드럼카더로 밝은 연두색, 연한 초록색, 갈색, 노란 색의 양모를 섞는다.

02 악어의 몸과 발 4개를 그린 다음 본을 오린다.

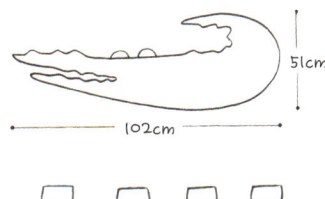

03 악어의 몸 위에 발 4개를 두 개씩 포개어 놓고 스 카치테이프를 여러 번 붙여 고정한다.

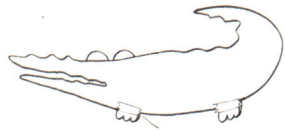

04 발을 고정한 후 입체펠트(10쪽 참고)로 만든다.

05 악어의 눈은 검정색 십자수 실로 배는 보라색 천 으로 바느질해 완성한다.

felt ⁺ 초록색 입이 큰 악어는 몸의 길이만큼 입을 길게 만들었습니다.

악어의 이빨과 등, 꼬리에 있는 삼각형 모양은 펠팅 과정을 거치면서 뾰족한 부분이 무뎌지기 때문에

본을 그릴 때 원래 사이즈보다 크고 높게 그려 주세요.

악어 본은 1m가 넘습니다. 정말 크죠. 악어 본을 그리던 날은 하루 종일 그리고 지우고 오리고 했던 것 같아요.

잘 그려진 본이라고 해도 막상 오리면 다른 느낌으로 나올 수 있어서 본을 그린 후 오려보는 것도 중요합니다.

펠트는 줄어드는 과정에서 형태가 살짝 달라질 수도 있기 때문에 샘플로 먼저 만들어 보면 좋습니다.

인형 길이 69cm. 몸 170g. 메리노울 70수(merino wool)
오가닉 메리노울 70수(organic merino wool)
프리펠트 아이보리 1장. 연보라 1장. 십자수 실(검정). 비즈

까만 눈의 **물개**

깊은 밤 달빛 아래 까만 눈의 물개는 별빛처럼 맑은 눈이 되어
바다 위에 잔물결 이루며 노닐곤 합니다. 물고기들과 함께 말이죠.

Seal

· ·

물개 만들기

01 아이보리색 프리펠트로 물개의 배를 2장 오린다.

02 연보라색 프리펠트로 물개 다리를 6장 오린 후
3장씩 겹쳐 비눗물을 뿌리고 비닐로 문지른다.

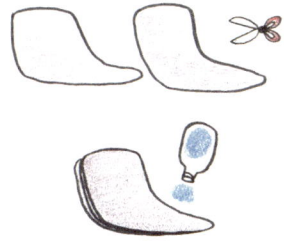

03 물개 본 위에 양모를 깔고 모양에 맞게 배와 다리
를 올려 입체펠트(10쪽 참고)로 만든다.

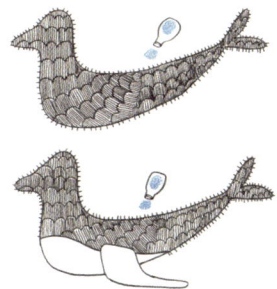

04 완성된 물개의 눈과 수염은 검정색 십자수 실로 바
느질하고 눈 위에 검정색 비즈를 달아 마무리한다.

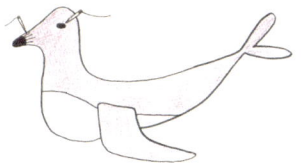

felt⁺

물개의 눈은 바느질한 부분에 한 번 더 바느질해 입체감을 살려 주세요.

물개의 꼬리는 양모를 몸통보다 두껍게 깔아 주세요. 펠트는 만들었을 때 양모의 양이 많을수록

단단한 힘이 생기기 때문에 두꺼운 꼬리는 완성된 후 솜을 넣지 않아도 힘있게 모양이 유지됩니다.

물개는 파스텔처럼 부드럽고 우아하게 만들고 싶었습니다.

스케치를 하면서 불현듯 연보라색이 떠올랐고 은은한 색감이 맘에 들었습니다.

동물 인형들은 가슴에 올려 놓거나 안아 보았을 때 묘한 끌림이 있는데요,

작업을 하면서 아이들이 왜 그렇게 인형을 안고 있는지 조금은 알게 된 것 같아요.

인형 높이 30cm, 43cm, 46cm, 몸 60g, 100g, 130g
메리노울 70수(merino wool), 메리노울 100수(merino wool)
자투리 천, 십자수 실(자주)

세 마리 문어

키가 작은 문어, 다리가 긴 문어, 얼굴이 큰 문어.
몸집도 다르고 성격도 제각각 이지만 서로 좋은 친구입니다.

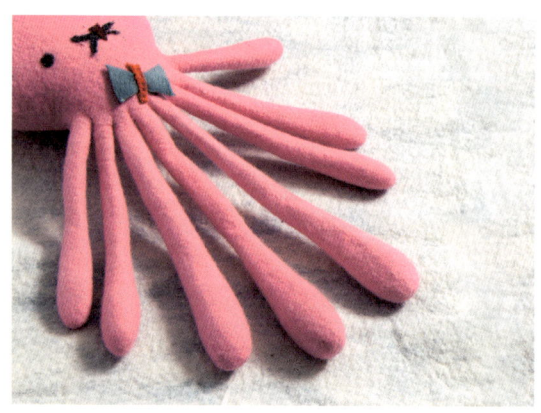

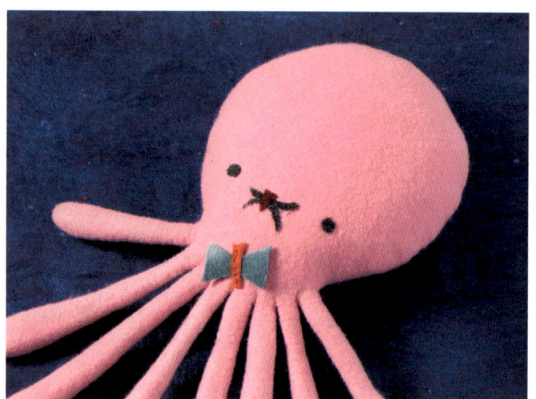

Octopus

문어 만들기

얼굴

01 자투리 천으로 문어의 눈, 코, 입을 오린다.

02 큰 동그라미 두 개와 작은 동그라미 두 개를 자주색 십자수 실로 연결해 바느질한다.

03 나머지 작은 동그라미 두 개를 눈으로 하고 니들 펠트 바늘로 찔러 완성한다.

다리

04 문어 다리는 각기 다른 모양과 크기로, 위쪽은 얇게 아래쪽은 두껍게 그린다.

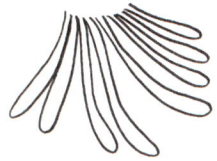

05 아이보리와 분홍계열의 양모를 섞어 부드럽게 색감이 이어지도록 만든다.

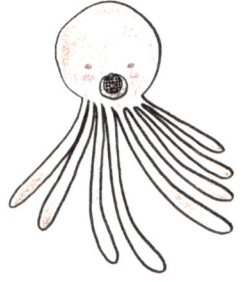

felt⁺

문어 다리는 얼굴과 연결되는 부분이 좁기 때문에 완성된 후 솜을 넣기가 어렵습니다.

그렇기 때문에 양모를 평소보다 두껍게 뽑아서 깔아주면 솜을 넣지 않아도 다리를 통통하게 만들 수 있습니다.

8개나 되는 문어 다리는 양모를 까는 것이 몹시 까다로웠습니다. 다리들 사이가 좁아 양모들이 서로 엉키고 뭉치기 일쑤였죠.

그래서 선택한 방법은 다리를 홀수와 짝수로 나누어 양모를 까는 것이었어요.

첫 번째 다리에 양모를 깔고 다음으로 세 번째 다리에 양모를 깔고 이렇게 하면 다리 사이에 약간의 공간이 생겨

조금 수월하게 작업할 수 있습니다.

인형 높이 24cm. 38cm. 몸 40g. 70g
메리노울 70수(merino wool). 메리노울 100수(merino wool)
천연염색 코리데일울 (corriedale wool). **프리펠트** 연한 회색 1장

회색 날개 갈매기

하얀 모래사장, 파도와 친구 되어 아장아장 걸어가는 새끼 갈매기,
보기만 해도기분 좋은 따스한 풍경, 어미 갈매기도 베시시 미소 짓네요.

Seagull

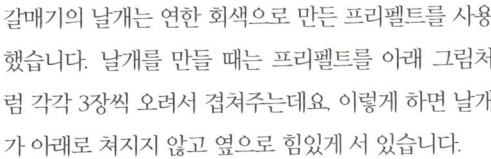

갈 매 기 만 들 기

회색 날개 갈매기는 어미와 새끼, 두 마리로 닮은 듯 다르게 만들었습니다. 몸통의 모양과 형태를 조금씩 다르게 그렸고 같은 계열 색의 양모를 쓰되 진하기에 차이를 두어 어미와 새끼를 구분해 주었습니다.

갈매기의 날개는 연한 회색으로 만든 프리펠트를 사용했습니다. 날개를 만들 때는 프리펠트를 아래 그림처럼 각각 3장씩 오려서 겹쳐주는데요, 이렇게 하면 날개가 아래로 처지지 않고 옆으로 힘있게 서 있습니다.

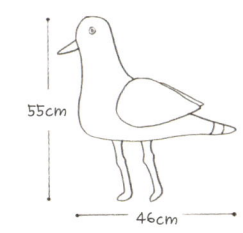

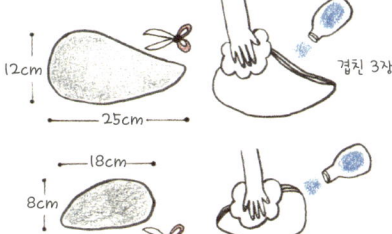

펠트는 색감이 중요합니다. 완성도나 분위기를 좌우하니까요. 하지만 같은 색이라고 해도 물감이나 색연필과는 조금씩 다를 수 있습니다. 울(wool)이기에 예상했던 색상과는 다르게 나오는 경우들이 종종 있기도 하고요 그렇기 때문에 익숙하고 좋아하는 색의 양모뿐만 아니라 낯설고 많이 쓰지 않았던 색의 양모들을 고루 사용해 보는 것이 좋습니다. 경험만큼 좋은 것은 없으니까요.

felt⁺

갈매기의 날개는 프리펠트를 3장씩 겹쳐 두껍습니다. 이럴 경우 갈매기의 몸통과 날개가 잘 붙지 않을 수 있기 때문에 몸통과 날개가 맞닿는 부분을 충분히 문질러 주어야 합니다.

회색 날개 갈매기는 어미새 한 마리만 만들려고 했습니다. 완전히 성장한 모습의 갈매기로요.

그런데 그림을 그리다 보니 이야기가 떠올랐고 새끼 갈매기도 만들게 되었습니다.

만들고 보니 어미새도 좋지만 새끼 갈매기가 마음에 쏙 들어왔습니다. 작고 사랑스럽죠?

물펠트
동물인형
+ 만들기

분홍 문어

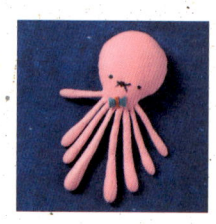

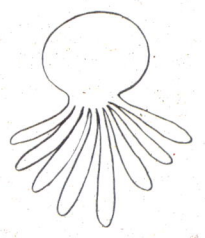

01 분홍 문어의 본을 그린 후 오린다.

04 문어 얼굴 아래쪽에 살짝 가위집을 낸 후 본을 뺀다.

07 건조된 문어 얼굴에 솜을 넣고 본을 빼낸 부분을 바느질한다.

02 양모를 깔고 망사천을 덮은 후 비눗물을 뿌려 문지른다. (10쪽 참고)

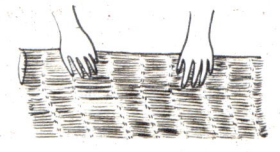

05 다시 버블랩과 대나무 발로 밀어준다. (11쪽 참고)

08 자투리 천으로 문어 얼굴에 들어갈 눈, 코, 나비넥타이를 오린다.

03 버블랩 위에 양모를 올려 놓고 방망이와 함께 돌돌 말아 밀어준다.

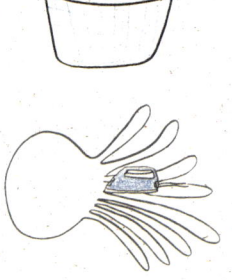

06 완성된 펠트는 깨끗한 물에 헹구고 다림질한 후 건조한다.

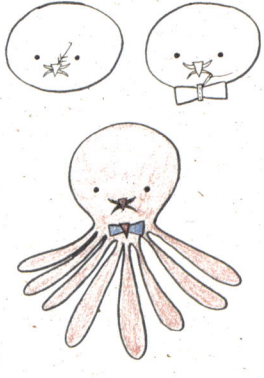

09 문어 눈과 코는 니들펠트 바늘로 찔러서 만들고 나비넥타이는 바느질해 붙인다.

새끼 갈매기

01 본을 그려 오리고 날개로 쓸
   프리펠트를 준비한다.

04 양모를 버블랩에 놓고 방망
   이와 함께 밀어준다.

07 완성된 펠트는 깨끗한 물에
   여러 번 헹군 후 다림질해
   말린다.

02 본 위에 양모를 깐다. (10쪽 참고)

05 날개 안쪽에 가위집을 낸 후
   본을 뺀다.

03 양모를 모두 깐 후 그 위에
   미리 만들어 놓은 날개를 올
   려 망사천을 덮고 문지른다.

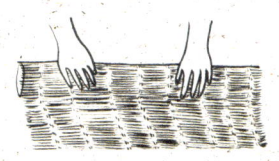

06 다시 버블랩과 대나무 발로
   밀어준다. (11쪽 참고)

08 니들펠트 바늘로 양모를 찔러
   서 눈을 만든 후 마무리한다.

아이랑 펠트놀이

: 고깔 인형 만들기

아이와 어른 사이, 속마음 보여주기가 서투르고 어색할 때가 많지요?
이럴 때 아이와 고깔 인형을 만들어 보세요. 만들기도 손쉽고 재미있는 놀이도 될 수 있어요.
살며시 인형을 내밀고 마음을 보여주면 자연스럽게 감정을 표현할 수 있답니다.
차가운 마음도 사르르 녹여주는 고깔인형으로 사랑스러운 웃음을 만들어 주세요.

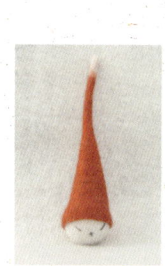

화났어요!

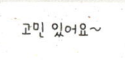

고민 있어요~

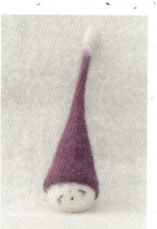

속상해요…

롬니울(romney wool), 메리노울 70수(merino wool)
높이 16cm. 울 10g

오가닉 메리노울 70수(organic merino wool)
둘레 12.5cm. 울 4g. 하얀색 솜볼. 십자수 실(갈색)

01 가로 8㎝, 세로 20㎝ 크기로 고깔 모양의 본을 그린다.

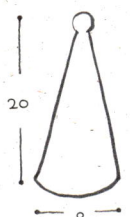

01 양모를 반으로 가르고 일정량을 뽑아 가지런히 놓는다. (10회 반복)

02 입체펠트 만들기(10쪽 참고)로 양모를 깔고 완성한다. (이때 고깔의 맨 윗부분은 아이보리색 양모를 깐다.)

 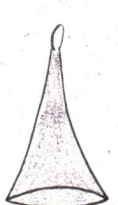

02 하얀 솜볼에 양모를 십자 방향으로 돌아가며 골고루 감아준다. (양모를 감은 후 하얀 솜볼이 보이면 양모를 더 감는다.)

돌돌~ 양모 감기~~

03 양모를 감은 볼은 비눗물에 적신 후 돌려가며 톡 톡톡 두드려 준다. (세게 힘주지 말고 중간 중간 비눗물로 적신다.)

04 어느 정도 털이 뭉쳐지면 볼을 한 쪽 손바닥 위에 올려 놓고 다른 손바닥으로 힘주어 동글동글 굴려 준다.

05 볼이 단단해지면 깨끗한 물에 헹구고 말린다.

06 건조된 볼은 십자수 실로 수를 놓아 완성한다.

눈과 코 바늘땀 넣기!

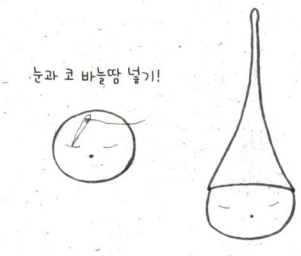

아이에게 고깔모자를 선물해 보세요~ 머리둘레만 재면 쉽게 만들 수 있어요.

: 고깔 꽃

: 고깔 종

고깔은 나팔 모양의 꽃도 만들 수 있습니다.
여러 개의 수술을 고깔 안에 넣고 바느질해
주면 예쁜 고깔 꽃이 됩니다.

고깔 안에 동그란 방울 하나만 달아 주면 순
식간에 멋진 종이 됩니다. 풍경처럼 문에 달
아 두거나 오너먼트로 활용할 수 있어요.

여행의 기억

숲과 호수의 나라 리투아니아!
더없이 순수하고 아름다운 그 곳에는
펠트작가 잉가와 그녀의 가족이
별처럼 반짝이고 있었다.

리투아니아는 유럽의 북쪽에 있는 나라이다.
폴란드와 인접해 있고 발트해 연안에 있어
에스토니아, 라트비아와 함께 '발트3국'이라고도 불린다.

리투아니아(Lithuania) 여행을 준비하면서 가장 많이 들었던 이야기가 "어디로 간다고? 우크라이나? 리투… 뭐?"라는 반복된 물음이었다. 그만큼 리투아니아는 나에게도, 사람들에게도 낯선 이방인의 나라였다.

리투아니아를 가고자 마음먹게 된 것은 오래 전부터 아주 가끔씩 들어가 보는 어떤 인터넷 사이트에서였다. 어느 순간 '와, 어떻게 만들지?' 감탄하며 머릿속에서 설계도를 그리게 하는 펠트 신발들이 눈에 띄었고, 신기하게도 그 펠트 신발들을 만든 작가가 항상 같은 사람이었다. 그리고 그녀의 나라가 리투아니아였다. 그 뒤부터 꾸준하게 늘어나는 리투아니아 펠트 작가들과 그들의 작업이 예사롭지 않음을 느끼고, 나는 깨달았다. '이곳은 내가 꼭 가보아야 할 곳이구나!'라고….

몇 년 동안 마음으로만 그리던 곳을 다녀온 건 지난 봄과 여름 사이 5월과 6월이었다. 떠나기 몇 달 전에 여행을 함께한 친구와 나는 펠트 작가 잉가에게 한 통의 메일을 보냈다. 한동안 답이

없던 메일에 무작정 끊어 놓은 비행기표가 걱정되기도 했지만, 이상하게 마음은 편안했다. 그렇게 무심코 며칠이 지나고 기다리던 메일이 도착했다. 물론 방문을 환영하며 기대된다는 이야기와 함께. 행복한 두근거림의 시작이었다.

잉가의 신발은 실용적이면서도
자연스런 아름다움이 묻어난다.

　펠트 작가 잉가가 살고 있는 곳은 리투아니아의 수도 빌뉴스(Vilnius)에서 1시간 반 정도 걸리는 '우테나(Utena)'라는 작은 도시다. 빌뉴스에 도착하고 이틀 후 우테나로 가기 위해 아침 일찍 터미널로 향한 거리엔 추적추적 비가 내리고 있었다. 세월의 흔적을 보여주는 빨간색 낡은 트램과 머리에 스카프를 두른 채 벤치에 앉아 있는 할머니들의 모습은 마치 시간이 멈추어 버린 것 같기도 했다.

　우테나로 향하는 버스가 빌뉴스를 벗어나는 순간, 차장 사이로 초록의 땅들이 이어졌다. 초원은 끝이 없었고 들꽃과 풀을 뜯는 양떼들은 평화로웠다. 진짜 리투아니아의 모습이었다. 넋을 잃고 이국적인 풍경을 바라보는 사이 우테나에 도착했고, 내리던 비는 조금 잦아들었다. 하지만 생각보다 싸늘한 기온에 몸이 움츠러들었다.

　잉가에게 '도착했다'는 문자를 보내고 기다리는 터미널은 작은 곳이었다. 이런 시골에 갑자기 나타난 두 명의 동양인 때문인지 모두들 토끼 눈이 되던 찰나, 누군가 손을 내밀며 다가왔다. 잉가였다.

  키가 큰 세 아이의 엄마 잉가는 지난 몇 주간 아이들이 폐렴에 걸려 정신이 없었다고 한다. 잔기침을 계속 하는 그녀에게 왠지 모르게 미안하고 고마웠다. 잉가가 터미널 직원에게 버스 시간을 물어보고 우리는 그녀의 차를 타고 그녀와 가족들의 집으로 출발했다. 사실 이때까지만 해도 이 날이 일요일이라 혹여 잉가와 가족들에게 폐가 될까 간단히 차만 마시고 돌아오려던 참이었다. 분명 그것만으로도 좋을 테니까!

  잉가의 차는 평평한 아스팔트 도로를 지나 작은 돌들이 있는 숲길을 달리기 시작했다. 그렇게 한참을 달리다 나무 사이 숲 한가운데에서 그녀가 차를 세웠다. 그 곳엔 여러 마리의 양떼들이 풀을 뜯고 있었는데 알고 보니 잉가가 키우는 리투아니아 양이라고 했다. 주인을 알아보는 듯 양들도 멈춰서 우릴 바라보았다. 펠트 하는 사람이 직접 양을 키우고 거기서 얻어진 털로 작업까지 한다니… 참 근사한 일이었다.

  양떼들과 멀지 않은 곳에 잉가의 집이 있었다. 숲 속 마을에 딱 하나밖에 없는 집이라고 했다. 약간 상기된 모습으로 들어선 집안엔 보석 같은 세 명의 아이들과 그녀의 남편 게스터가 따뜻하게 우릴 맞아 주었고 곧바로 정성스런 식탁이 차려지기 시작했다. 미안한 마음에 사양했지만 "간단히 요기하라"며 텃밭에서 직접 키운 채소들과 신선한 달걀로 식탁을 준비해 주었다. 리투아니아 전통 주전자와 찻잔으로 전해지는 차의 온기는 어색함을 녹여 주었다. 아이들의 눈엔 우리들의 등장이 낯설었을 텐데도 참 맑고 곱게 다가와 주었다. 비록 말이 통하지는 않았지만….

버섯 쿠키

잉가와 게스터는 그들의 나라 리투아니아를 아주 깊이 사랑하는 사람들이었다. 그들은 불과 몇십 년 전까지 있었던 리투아니아의 아픈 역사를 울림 있게 설명해 주었고, 그 울림은 그대로 우리에게 전해졌다. 그 역사 속엔 숲이 있었다. 숲은 그렇게 그들의 안식처이자, 역사이고 정신이었다.

식사를 마친 우리는 잉가의 작업실로 자리를 옮겼다. 집에서 가까운 거리는 아니었기에 다시 차를 타고 이동했는데 그제야 실감이 났다. 숲과 호수의 나라 리투아니아가!

리투아니아의 호수는 세상에서 가장 작은 호수부터 강처럼 큰 호수까지 그 숫자만 2,833개에 이른다고 한다. 호수와 나무들로 가득한 숲이 안내하는 길은 우리에게는 작은 떨림이었고 큰 선물이었다.

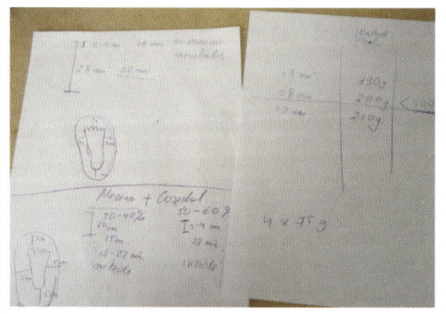

잉가의 작업실에서
신발 만들기에 필요한 발 크기를 재고 본을 그린 후
원하는 빛깔과 소재를 골라 신발을 만들었다.

숲을 지나 한참을 달려 작업실에 도착했다. 나 외에 다른 사람의 작업실은 처음이라 그런지 무척이나 설레었다. 나무로 된 문을 지나 들어선 잉가의 작업실은 넓은 창 너머로 보이는 풍경이 눈길을 끌었다.

그녀는 작업실에 들어서자마자 우리의 발 치수를 묻더니 조용히 상자 속에 놓여있던 펠트 신발을 꺼내주었다. 인터넷 사이트에서 보던 바로 그 신발이었는데 잠시지만 머리카락이 쭈뼛쭈뼛 서는 것 같았다. 내가 그토록 보고 싶었던 이 귀한 신발을 신으라고 선뜻 건네주는 그녀에게 어찌할 바를 몰랐고 그런 우리에게 그녀는 다시 한 번 신발을 건넸다. 그리고는 "한 번 만들어 보겠냐?"라고 묻는 그녀에게 놀라면서, 조심스레 "그러고 싶다"고 대답했다. 예정에 없던 일들이 순식간에 일어나고 있었다. '야호~' 소리칠 만큼 흥분되고 기분 좋았다.

잉가는 메리노 울부터 그녀가 직접 키우는 리투아니아 양털까지 가지고 있는 모든 재료들을 고스란히 내어 주었다. 끝도 없이 상자들이 펼쳐졌고 그 동안 모아 놓았던 실크천, 실크실, 린넨과 린넨실 등 오브제로 사용할 수 있는 많은 재료들도 꺼내 주었다. 나는 조금 힘들더라도 이번 기회가 아니면 사용해 볼 수 없을 것이 분명한 리투아니아 양털로 신발을 만들기로 했다. 오랜만에 느껴보는 설렘으로 심장이 콩닥콩닥 거렸다.

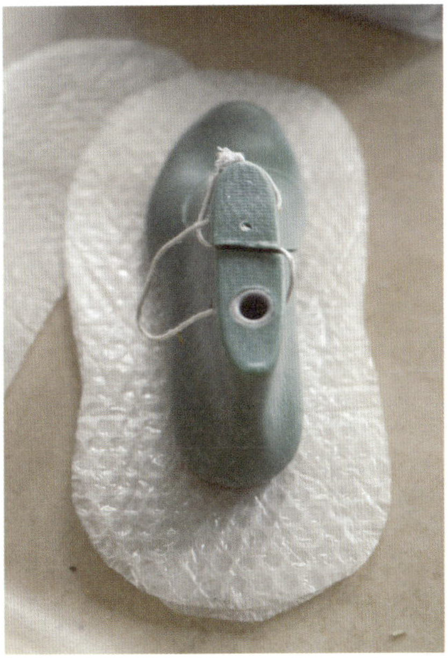

: 신발틀과 본

: 자투리 천들

잉가의 리투아니아 양털은 털을 깎고 세척만 한 상태라 펠트 신발을 만들기 위해서는 드럼카 더로 빗질을 해야 했다. 신발 한 켤레에 양털이 300g이나 들어가는 터라 잉가가 부지런히 드럼 카더를 돌려서 준비해 주었고, 그 사이 나는 무늬로 넣을 천과 실들을 고르고 작업을 준비했다. 특히 린넨실은 사용해 본 적이 없고 굵기부터 색상까지 놀라울 정도로 다양해서 궁금한 마음에 이것저것 넉넉히 골라 놓았다. 갑자기 펠트를 처음 시작했던 그 때로 다시 돌아간 듯 모든 것이 새로웠다.

리투아니아 양털은 힘이 좋고 거칠었다. 펠트 신발로는 더없이 좋은 재료였다. 다만 이런 가 공하지 않은 내추럴 울은 쉽게 펠트가 되지 않기 때문에 오랜 시간 있는 힘껏 밀어주어야 하고 300g이라는 어마어마한 양털의 부피가 비눗물과 만나면서 무게까지 늘어나 거친 숨소리가 끊 이지 않을 정도로 작업이 고됐다. 온몸의 힘을 모아 작업하느라 얼굴은 빨갛게 달아오르고 나 도 모르게 '얍!' 하는 기합소리가 나오기도 했다. 그럴 때면 보는 사람도, 하는 사람도 웃음이 터져 나왔다.

수업은 어느 때보다 진지했고 열정적이었다. 우리는 잉가가 들려주는 이야기를 사소한 것 하 나까지 집중하며 귀 기울였다. 시간은 빠르게 지나갔고, 우리의 펠트 신발도 무사히 완성되었다. 지금 생각해도 참 고마운 시간이었다. 처음에는 독특한 펠트 신발이 궁금해서 시작된 여행이었 지만 막상 다가가니 그 안에는 잉가라는 매력적인 사람이 있었고 그녀의 작업에는 리투아니아의 자연과 펠트에 대한 순수한 열정과 노력이 그대로 녹아 있었다. 감히 그 누구도 쉽게 따라 할 수 없는 잉가만의 빛으로… .

재미있는 양털모자를 쓴 잉가

내추럴 울로 만든 스카프

잉가의 작업실에서
친구가 만든 펠트 신발

힘이 좋고 거친 리투아니아 양털과
여러 색깔의 린넨실을 섞어 신발 만들기

우리는 완성된 신발을 챙겨 서둘러 잉가의 집으로 출발했다. 도착해 보니 게스터가 집밖 창문 아래에서 쪼그리고 앉아 생선을 굽고 있었는데, 한눈에 봐도 시간과 정성이 꽤 필요한 요리였다.

게스터가 저녁을 준비하는 동안 우리는 그녀의 집 주변을 둘러보았다. 그녀와 가족들은 넓은 숲을 마당 삼아 다양한 동물들을 기르고 있었는데 때마침 토끼 한 마리가 탈출해 그녀의 장남 아쥴리가 정신없이 쫓고 있었다. 토끼는 재빠르고 날렵했다. 아쥴리는 숲 속에 큰 사건이 일어난 것처럼 이리 뛰고 저리 뛰어다녔다. 사랑스러운 모습이었다.

다시 들어선 집안에는 그녀의 두 딸이 있었고 하루지만 두 번째 보는 거라 그런지 우리를 기쁘게 반겨 주었다. 아이들과는 말이 통하지 않았지만 신기하게도 '아~아! 와~' 같은 감탄사와 몸짓만으로도 충분히 친해질 수 있었다.

저녁 식사 내내 잉가는 버스에서 먹으라며 쉼없이 와플을 굽고 있었다. 집에 돌아온 후 식사 시간을 빼곤 잠시도 쉬지 못한 그녀였다. 그럼에도 그녀는 자신의 할머니부터 써오던 오래된 와플 기계로 정성스레 와플을 만들어 주었고, 어찌나 맛있던지 배가 부른데도 연신 손이 갔다.

식사를 마치고 버스를 타기 위해 짐을 챙겼는데 식탁 위에 선물 꾸러미가 한 가득이었다. 게스터 여동생의 농장에서 채취했다는 꿀 한 통과 'Tree Juice'라고 부르는 달콤한 나무 수액 한 병, 와플과 신발까지 손이 모자를 지경이었다. 고맙다는 말로는 부족한 마음이었다. 그러나 우리는 작별의 아쉬움도 느끼기 전에 서둘러 떠나야 했다. 이미 막차를 타기에도 아슬아슬한 시간이었기 때문이다. 잉가와 우리 둘은 정신없이 차에 올라탔고 그녀 가족과 그들의 집이 멀어져 보이지 않을 때까지 계속 손을 흔들었다.

잉가의 차는 지름길을 가로질러 빠르게 움직였지만 터미널에 도착하기도 전에 버스는 이미 출발했다고 한다. 참 난감한 상황인데 그녀가 '걱정하지 말라'며 '빌뉴스까지 데려다 주겠다'고 한다. 하루 종일 일도 많았고 아직 컨디션도 좋지 않은 상태인데 이렇게 또 폐를 끼치게 되니 몸 둘 바를 몰랐다. 그 순간 이런 우리의 마음을 알았던 걸까? 그녀의 차 앞으로 버스 한대가 모습을 드러냈다. 분명 빌뉴스로 향하는 마지막 버스였다. 우리는 동시에 탄성을 질렀고 버스보다 빠르게 움직여 다음 정류장에서 무사히 올라탈 수 있었다. 정신 없었지만 잉가와 뜨거운 포옹을 나누었고 진심을 다해 이야기했다.

"고마워요. 고마워요! 잉가!"

순식간에 버스는 빌뉴스로 출발했다. 우리는 꿈을 꾸는 것 같은 마음에 각자의 볼을 살짝 꼬집어 보기도 했다. 더없이 행복한 순간이었다. 벅차오르는 감정에 그날 밤은 쉬이 잠이 오지 않았다.

그리고 다음날. 잉가에게 한 통의 메일이 왔다. 우리만 괜찮다면 하루 더 함께 하자고! 전혀 예상하지 못한 일이라 마냥 좋았지만 그녀와 가족들에게 또 폐를 끼치는 건 아닐까 조심스럽기도 했다. 하지만 다음날 우린 다시 만났고, 그렇게 즐거운 하루 여행이 시작되었다.

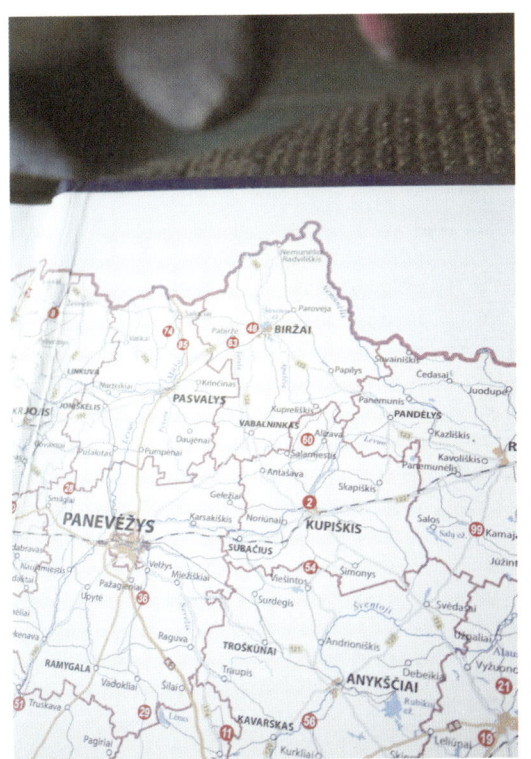

양모펠트와 인형 이야기

Felt⁺

지은이	이은영
사진	김나윤, 이은영
그림, 손글씨	추화진
스탬프	김혜영
편집	송은숙
디자인	송민혜
마케팅	정채영
경영지원	정은숙
인쇄	대흥프린팅
초판 1쇄 인쇄	2015년 1월 25일
초판 1쇄 발행	2015년 1월 30일

펴낸이   송은숙
펴낸곳   도서출판 겨리
403-821 인천광역시 부평구 시장로 12번길 21 302호
전화 070-8627-0672
팩스 0505-273-0672
이메일 gyeori@gyeori.com
홈페이지 www.gyeori.com
페이스북 www.facebook.com/Gyeoribooks
블로그 blog.naver.com/gyeori_books
등록번호 제2013-000009호

이 책의 국립중앙도서관 출판시도서목록(CIP)은 서지정보유통지원시스템 홈페이지(www.seoji.nl.go.kr)와
국가자료공동목록시스템(www.nl.go.kr/kolisnet)에서 이용하실 수 있습니다. (CIP제어번호 : CIP2015001738)

ISBN 978-89-957983-7-9 13590